BROWN BEAR BOOKS
Devised and produced by Brown Bear Books Ltd,
First Floor, 9-17 St Albans Place, London,
N1 0NX, United Kingdom

Japanese translation rights arranged with Windmill Books
through Japan UNI Agency, Inc., Tokyo.
Japanese language edition published by HOLP SHUPPAN, Publishing, Tokyo.
Printed in Japan.

＜Picture Credits＞
Key:b=bottom、c=centre、is=insert、l=left、mtg=montage、r=right、t=top

Cover：main, tr, ll, ©Corbis; cover, tru, ©Thinkstock; ©Rob Wilson/Shutterstock; ©Stuart Elflett/Shutterstock; c, ©Alain Benainous/Gamma Ralpho/Getty Images.
Interior：4tr, ©Ashwin/Shutterstock; 4cl, ©Morphart Creation/Shutterstock; 4-5b, ©Thinkstock; 5t, © Anna Jurkovska/Shutterstock; 6b, ©Thinkstock; 6-7c, ©Wikipedia; 7t, ©Morphart Creation/Shutterstock; 8b, ©Daimler Chrysler; 8-9t, ©Daimler Chrysler; 9b, ©Look & Learn; 10b, ©Wikipedia; 10-11t, ©Rob Wilson/Shutterstock; 11tr, ©The Granger Collection/Topham; 11b, ©Wikipedia; 12b, ©MEPL; 12-13c, ©Adiiano Castelli/Shutterstock; 13t, ©Padmayogini/Shutterstock; 13br, ©Library of Congress; 14-15t, ©Sergey Kramshylin/Shutterstock; 15tr, ©Thinkstock; 15bl, ©National Archives; 15br, ©Thurston Hopkins/Hulton Archive/Getty Images; 16bl, ©Wikipedia; 16-17t, ©Shutterstock; 17cr, ©Wikipedia; 17br, ©Thomas Dutour/Dreamstime; 18bc, ©Nature Photos/Shutterstock; 18-19t, ©Bright/Shutterstock; 19cr, ©NASA; 19bl, ©Wikipedia; 20bl ©Thinkstock; 20-21t, ©Daimler Chrysler; 21tc, ©Corbis News/Corbis; 21br, ©Shutterstock; 23tr, ©Boris Rabtsauel/Shutterstock; 23bl, ©Sergey Peterman/Shutterstock; 23br, ©John Evans/Shutterstock; 24-25t, ©d13/Shutterstock; 25bl, ©Liane M/Shutterstock; 25br, ©Drayton Racing; 26-27c, ©Stuart Elflett/Shutterstock; 27tr, ©Thinkstock; 27br, ©The BLOODHOUND Project; 28bl, ©Pascal Goetcheluck/SPL; 28-29t, ©Alain Benainous/Gamma Ralpho/Getty Images; 29bl, ©Shi Yali/Shutterstock; 29br, ©Stefan Redel/Shutterstock.

のりものテクノロジー

自動車の進化

文／トム・ジャクソン　監修／市川克彦

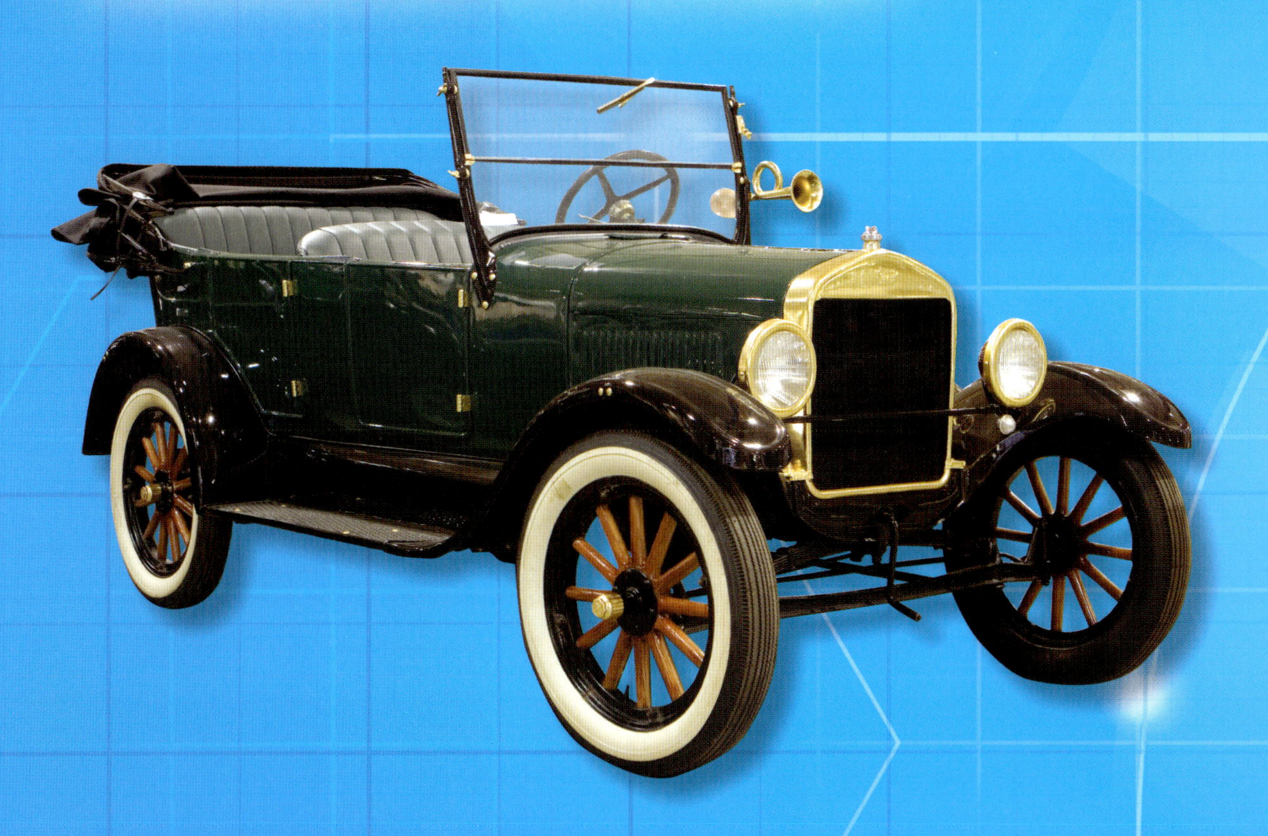

ほるぷ出版

はじめに

身近なのりものや、あこがれののりものはどうやって誕生したのでしょうか？

のりものは、移動や、ものを運ぶ手段として昔から使われてきました。それをもっと早く、安全に、だれもが利用できるようにするために、たくさんの人びとがかかわって、いくつもの新しいテクノロジーが開発されました。さまざまな失敗や工夫をしながら、おどろくような発見やテクノロジーの開発がなされ、のりものは進化してきたのです。

この巻では、自動車の進化をたどります。「自動車」は、エンジンなどを使って「自分で動く車」のことをいいます。

自動車が発明されたのは、およそ１世紀前のことです。はじめは人が歩くのと同じくらいしかスピードが出なかったのが、エンジンやタイヤ、ブレーキなどのテクノロジーが発達するとともに、長い距離を快適に、安全に移動できるようになりました。さらには、排ガスをおさえたより環境にやさしい自動車の開発も進められてきました。

将来的には、のり心地のよい自動運転車や、太陽電池を使った自動車も発明されるかもしれません。スピード、エネルギー、安全性など、さまざまな面で変化してきた自動車の進化の道のりを、本書でたどってみましょう。

世界がおどろいた！

のりものテクノロジー 自動車の進化

マークの説明

世界がおどろいた！
進化の歴史のなかでも、とくに世界をおどろかせた新しい発明や技術などについて解説しています。

歴史に残る人びと
世界ではじめてのことをなしとげた人物や、歴史に大きな影響を残した人物を紹介しています。

しくみ
のりものを動かすしくみやテクノロジーなどについて説明しています。

豆知識
関連することがらや、その当時にあった印象的なできごとなどを紹介しています。

＊…難しい言葉や専門用語。32ページの「用語解説」で説明しています。

自動車のはじまり

自動車が発明されてから1世紀以上たちました。今では、世界中の道路をおよそ10億台もの自動車が走っています。自動車ができるずっと前から、人は道路をつくり、のりもので移動していました。車輪が発明されたのは約6000年前のことです。そのころののりものを動かす力になったのは、エンジンではなく動物でした。

エジプトのチャリオット

チャリオットは馬が引く2輪馬車で、スピードが出せるはじめてののりものです。古代エジプトで約4000年前に発明され、兵士がのる戦車として使われていました。

歴史に残る人びと

アレクサンドリアのヘロン

1世紀に、エジプト・アレクサンドリアで活動したヘロンという人物が、「アイオロスの球」とよばれる装置を発明（下）。ふきだす蒸気によってボールが回転するしくみで、ヘロンはこれを遊び道具にしていたが、機械を動かす力、つまりエンジンになると気づいた。こうして、アイオロスの球が最初のエンジンとなった。

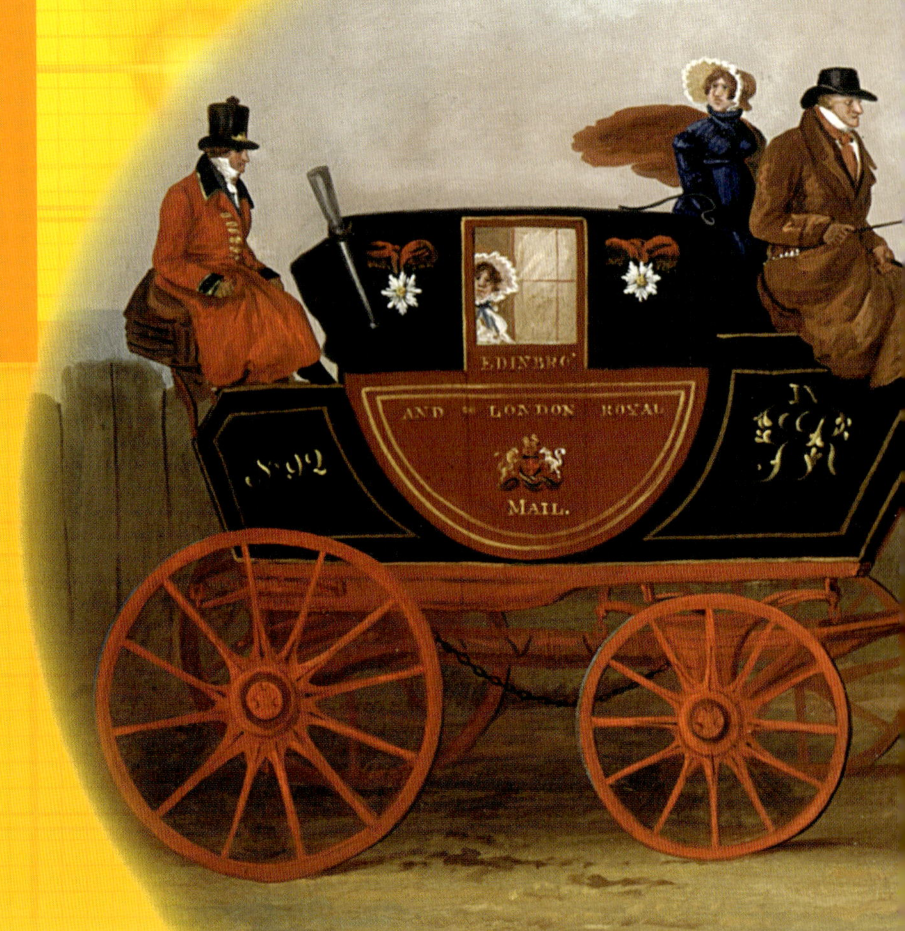

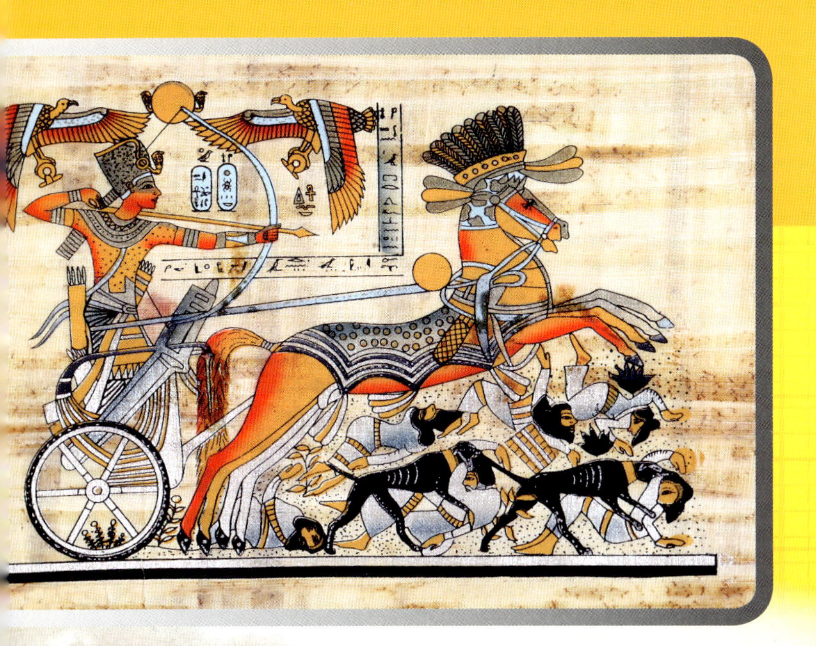

道路の発達

古代のローマ帝国とペルシャ帝国には道路がたくさんありました。平らでまっすぐに整えられた道路を使えば、一番速く移動できました。やわらかい地面が石でかたく舗装され、重い荷馬車がしずみこんだり、戦場へ向かう兵士たちが足をとられたりしないようになっていました。

駅馬車

自動車が発明されるまで、駅馬車はもっとも速い公共ののりものでした。駅馬車の運行は、1640年ころにイギリスではじまりました。名前の通り、馬車が駅と駅の間を走っていました。とちゅうで「ステーション」とよばれる中継駅にたちよって、馬をこうかんしたり、手紙を集めたりしていました。

蒸気の力で走る車

馬車のように動物が引くのではなく、蒸気機関*を使って動く車両が世界ではじめてできたのは、1769年のことでした。フランスの技術者ニコラ・キュニョーがつくった大型の3輪車です。この車両は、試運転のときに、壁にぶつかってしまいました。世界初の自動車事故をおこした車でもあったのです。

キュニョーの砲車

キュニョーの車両は、砲車として設計されました。砲車は、ぬかるんだ道の多い戦場で重い大砲を運ぶための車です。15分ごとに水を足さなくてはいけなかったため、時速4キロ、つまり人が歩くのと同じくらいの速さでしか移動できませんでした。

蒸気機関は、車両の前方に取りつけられていました。ボイラーから蒸気がふきだして、2つのピストン*を上下に動かします。この運動により前輪が回り、車を前に進めました。

後輪：でこぼこした地面でも走れる大きさ
台車：木でできており、うしろに大砲をのせて運ぶ

できごと

1500年代

サスペンション*の誕生

ハンガリーのコチという村で、職人たちが車輪の間にサスペンションをつけた馬車をつくった。でこぼこした道でも車のゆれが軽くなるしくみで、これをもつ馬車は「コーチ」とよばれるようになった。

1698年

蒸気ポンプの開発

イギリスの発明家トーマス・セイヴァリが最初の実用的な蒸気機関（右）をつくった。鉱山で水をくみだすのに利用された。

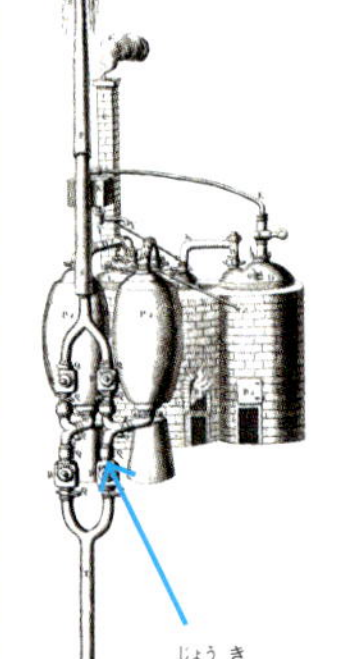

蒸気でおされて水が管をあがり、くみだされる

1801年

パフィング・デビル号

イギリス人のリチャード・トレヴィシックが、パフィング・デビル号という蒸気自動車をつくり、コーンウォール州カンボーンの町中で試運転した。

歴史に残る人びと

エドガー・フーリー

1901年、イギリス人のエドガー・フーリーが、砂利をタール*でおおい、かたくて、ちりやほこりのたたない舗装した道路「タールマック」をつくった。砂利でおおわれていた道が、なめらかで、運転しやすい道になった。

運転手：レバーを操縦し、前輪を動かした
パイプ：蒸気が通ってピストンに送られた
炉：燃料をもやし、タンクの水を熱して、高圧の蒸気を発生させた
ピストン：前輪とつながっている

1827年

デファレンシャル・ギア

カーブでは、左右の車輪が同じ早さで回るとうまく曲がれない。そこで歯車（ギア）を使って、左右の車輪をちがうスピードで回転させるしくみが考えられた。

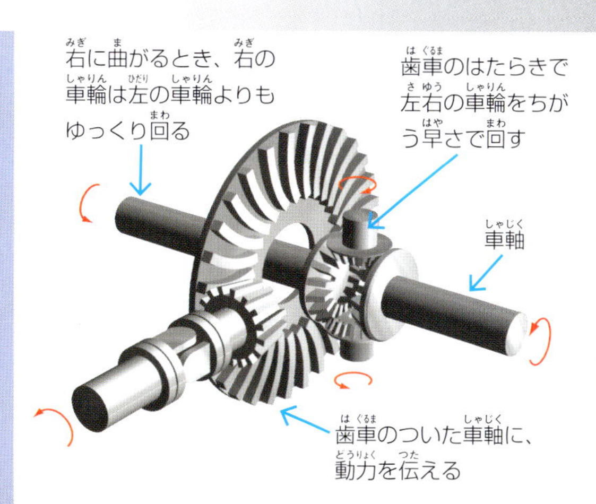

右に曲がるとき、右の車輪は左の車輪よりもゆっくり回る
歯車のはたらきで左右の車輪をちがう早さで回す
車軸
歯車のついた車軸に、動力を伝える

1860年

ガスエンジンの誕生

ベルギーのエティエンヌ・ルノアールが、ガスエンジンを開発。19世紀よりも前に考えられていた、火のつきやすいガスをエンジン内部でもやして動力をえる内燃機関（→P8）を、はじめて大量生産した。

馬なし馬車

内燃機関をのせた最初の自動車は、1885年にドイツ人の技術者カール・ベンツによってつくられました。4ストロークエンジンを動力にした3輪式自動車で、ベンツ・パテント・モトールヴァーゲンという名前でした。

内燃機関

内燃機関は、シリンダー*という容器の内部でガソリンなどの燃料をもやして動力を生みだします。「内」部で「燃」やすので、内燃機関とよびます。つつのようなシリンダーの中には、上下に動くピストン*がはめこまれ、注射器のようになっています。燃料がシリンダーの内部で小さな爆発をおこすと、ピストンがおしさげられます。

ベンツ・ヴィクトリア号

右は1893年につくられたモデルで、4輪式です。車輪と車体は馬車とよく似ており、当時、これを「自動車」とよぶ人はいませんでした。むしろ、「馬なし馬車」として知られていたのです。

エンジン：うしろ側にあり、自転車用のものを大きく、太くしたチェーンを使って車輪を動かした

できごと

1885年

初のオートバイ

ドイツ人のゴットリープ・ダイムラーがオートバイを発明。ダイムラーはベンツとほぼ同じ時期に自動車の開発をして、のちに自動車会社のダイムラー社をつくった（→P10）

1887年

空気入りタイヤの登場

スコットランドの発明家ジョン・ダンロップが、息子の3輪自転車の車輪用に、ゴムチューブとゴムをぬった布でつくった空気入りタイヤを取りつけた。空気入りタイヤは、まもなく自動車にも取りつけられるようになった。

カール・ベンツ：ベンツ・ヴィクトリア号に、妻や娘をのせてよくドライブしていた

ハンドル：まっすぐな棒の上に取りつけられた小さなハンドルで操縦した

前輪：後輪よりも小さく、車輪を左右に向けることができた

しくみ

4ストロークサイクル

エンジンの内部では、ピストンが4回の上下運動（ストローク）をする。このひとまとまりの動き（サイクル）をくり返すことで、燃料と空気がシリンダーに入り、圧縮されたところに点火プラグで火がついてもえ、残ったガスが出される。4ストロークや4サイクルともよばれる。

■エンジンのストローク

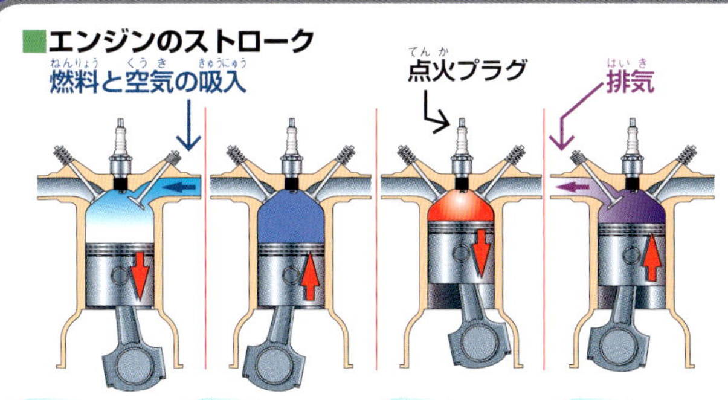

1回目　ピストンが下がる

2回目　ピストンが上がり、燃料と空気を圧縮する

3回目　火がついて燃料がもえ、ピストンをおしさげる

4回目　ピストンが上がり、残りのガスがおしだされる

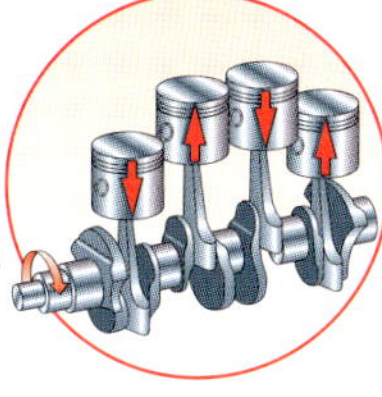

ピストンの上下運動は、クランクシャフトによって回転運動にかえられる

1892年

ディーゼルエンジンの発明

ドイツ人技術者ルドルフ・ディーゼルが、軽油*を燃料とするディーゼルエンジンを発明した。ガソリンエンジンのように火花で点火するのではなく、圧縮されて高温になった空気の熱で燃料がもえるしくみだった。

1896年

赤旗法の廃止

イギリスでは1865年に「自動車が走るときは赤い旗を持った人が先に立ち、まわりに警告する」という赤旗法が定められていた。このため自動車はなかなか広まらなかったが、とうとう廃止に。制限速度が時速3キロから時速23キロにひきあげられた。

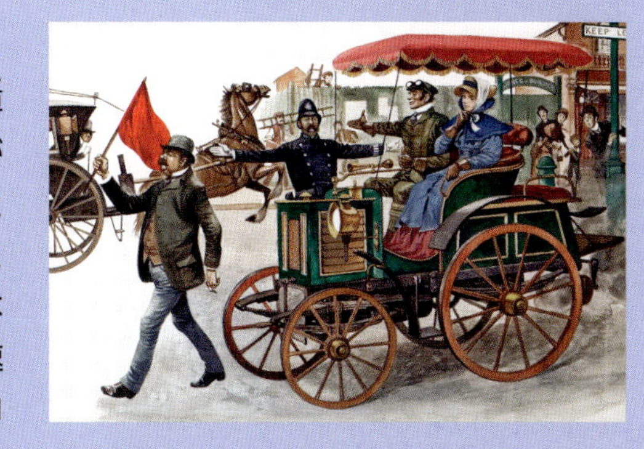

大量生産の時代へ

1903年、アメリカの実業家ヘンリー・フォードが自動車会社をつくりました。そのころの車は1台1台手づくりで組み立てられていましたが、フォードは「流れ作業」による大量生産で、より早く、より安く車をつくることにしました。そしてフォード社は、1920年までには、世界中の車の半分を生産するようになったのです。

オープンルーフ：屋根がない分、より安くつくることができた

タイヤ：現代の自動車とくらべると空気圧*が高く、はれつしやすかった

車輪：木でできており、重い大砲を移動するのに使われていたものがもとになっている

T型フォード

フォードの自動車は、流れ作業によって組み立てられました。流れ作業では、作業をする人がチームに分かれ、決められた部品だけを車に取りつけます。作業がおわると次のチームにわたされ、別の部品が取りつけられます。こうして車は次つぎと別のチームにバトンタッチされ、少しずつ組み立てられていきます。

この流れ作業によって、フォード工場では、週に約1万4000台もの車が生まれました。そして1908年から1927年までに、約1500万台という大量のT型フォードがつくられたのです。お金持ちでなくても買えるはじめての車で、価格は給料の約4か月分でした。

できごと

1900年ころ

運転免許

フランス、イギリス、ドイツなど、ヨーロッパの国ぐにで自動車の運転免許制度がはじまった。日本の運転免許制度もこのころに生まれた。

1901年

メルセデスの誕生

ダイムラー社が、売りだす新型車のすべてに、大株主であるエミール・イエリネックの娘の名前であるメルセデスという車名をつけることを決めた。ダイムラー社はのちにカール・ベンツの自動車会社と合併し、「メルセデス・ベンツ」は世界で有名な自動車のブランドとなった。

1904年

燃焼式ライト

アセチレンガスをもやして明かりに使うヘッドライトが登場。1908年には、電気を使ったヘッドライトが生まれた。

歴史に残る人びと

ヘンリー・フォード

ヘンリー・フォードは自動車産業をかえた人物で、自動車の育ての親だった。工場を建て、同じ色、同じ形の自動車を1日に何百台もつくることに成功した。フォードは有名なじょうだんをいっている。「お好きな色の自動車が手に入りますよ。黒をお望みであれば」

エンジン：燃料として、ガソリン、灯油、アルコールが使われた

ライト：エンジンが動いているときだけ点灯した

クランク棒：この棒を力いっぱい手で回して、エンジンをかけるしくみだった。

1913年

フォード生産方式へ

1913年に流れ作業を取りいれるまで、フォードでは自動車を1台組み立てるのに12時間半かかっていた。ベルトコンベアを使うなど流れ作業も改良され、1914年には1時間半でできるようになった。

1916年

ワイパーの導入

真空ポンプで動くワイパーがつくりだされた。その後、電気式が生まれた。最初のワイパーは手動で、1903年にアメリカのメアリー・アンダーソンが発明した。

スポーツカー

1920年代になると、エンジンが強力になり、車の運転はさらに楽しいものになりました。郊外の広い土地でも運転できるように、スピードの出る小型車がつくられました。スポーツカーとよばれる車たちが登場したのです。

ボンネット：内側にはエンジンが収まっている。ボンネットを長くすることで、よりなめらかで、より力強く見えるようにした

バッテリー：車で使う電気をためておく。この電気でライトをつけたり、エンジンを始動させたりする

楽しみのための車

最初のスポーツカーは、レース用につくられた車がもとになっています。シートは2席しかないのがふつうで、屋根がありませんでした。これらは「ロードスター」（英語で屋根なし自動車の意味）と名づけられましたが、1920年代には「スポーツ」（娯楽・楽しみの意味）のためにのることから「スポーツカー」とよばれるようになりました。

ジャガーSS100

ジャガーは有名なスポーツカーです。その名は、イギリスにあったSSカーズ社によって生みだされました。1935年からつくられたSS100は、初期のジャガーを代表するモデルです。時速160キロ（100マイル）も出せることから名づけられました。第二次世界大戦（1939～45年）後、SSカーズ社はジャガー・カーズ社に社名をかえ、車名もSSを取ってジャガーとなりました。

できごと

1917年

油圧式ブレーキの登場

車が速く走れるようになると、性能のよいブレーキが必要になった。油圧式ブレーキの登場で、それまでの機械式ブレーキよりも、安全にスピードを落とし、止まれるようになった。

1920年

3色式信号機

世界初の電気式信号機は、アメリカで1914年に生まれた。そのころは赤と青の2色式だったが、1920年には現在のような3色式が登場した。

豆知識
ベテランカークラブ

今でも古いモデルの自動車を好む人がいるが、1930年当時でも同じだった。イギリスのブライトンで生まれた「ベテランカークラブ」では、毎年、じまんの古い自動車でロンドンからブライトンまでドライブする。

フロントガラス：スピードが出るようにするため、折りたたみ式になっている

泥よけ：カーブした形が、うしろ足を立ててふせるネコのようだったことから、同じネコ科の動物、ジャガーの名がつけられた

車輪：自転車の車輪のようなワイヤースポークホイールは、軽くて美しいのが特ちょう

1926年

パワーステアリング

油圧ポンプを使ってハンドル操作を軽くする油圧式パワーステアリングが、この年アメリカの自動車メーカーであるビアズリーの技術者によって考えだされた。

1930年ころ

高速道路の開通

1924年に世界初の有料高速道路がイタリアで開通した。同じころ、ドイツやアメリカなどでも高速道路が開通し、都市と都市をむすんでいった。

1935年

点滅式の方向指示器、誕生

アメリカやイタリアで開発された車で、はじめて点滅式の方向指示器が使われた。車体の前後左右にあり、車が交差点を曲がったり、進路をかえたりするときの合図に使う。

どこでも走るオフロー

1939年に第二次世界大戦がはじまると、軍隊はでこぼこした地面でも走れる車が必要になりました。その代表といえるのが、4輪駆動のジープです。

バンパー：前につきだしたバンパーで、低木、フェンス、有刺鉄線などの障害物をこわしながら進む

フロントガラス：ボンネットにたおしておけるので、兵士は走行中でも前に向かって攻撃できた

2輪駆動と4輪駆動

2輪駆動の車では、エンジンは前かうしろどちらか2つの車輪を回し、車輪が地面をけるようにして走ります。このため、でこぼこした地面やすべりやすい地面では、回転する車輪が地面をうまくけることができず、進めなくなりやすいのです。しかし、すべての車輪を回す4輪駆動であれば、4つの車輪で地面をけることになるので、進めなくなることはめったにありません。

アメリカ軍のジープ

ジープは力強い4輪駆動車で、1941年に誕生しました。英語で「万能」を意味するGeneral PurposeからGとPの音をとって「ジープ」というよび名がついたといわれています。

できごと

1940年

自動変速機の実用化

自動車メーカーのゼネラルモーターズが、自動変速機を実用化させた。自動変速機は、車のスピードや走り方に合わせて変速機のギアを自動的にかえる。

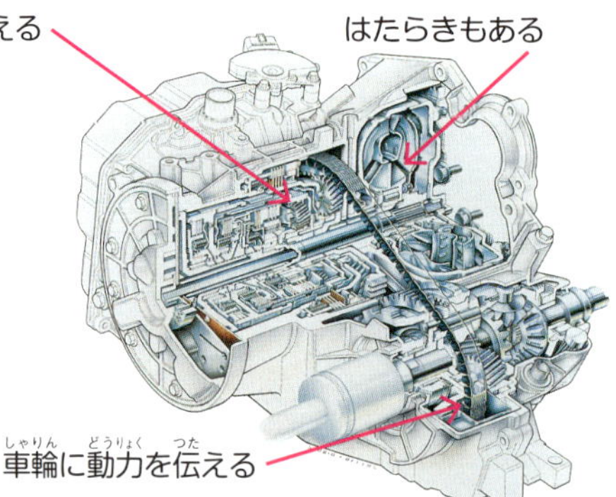

油圧によって自動的に最適なギアに切りかえる
液体を使いエンジンの回転や力を伝える。力を大きくするはたらきもある
車輪に動力を伝える

※現在の自動変速機の図

1942年

水陸両用車

アメリカ軍がダック（DUKW）とよばれる水陸両用車を開発した。陸上を走るだけでなく、水上をモーターボートのように進む。

ドカー

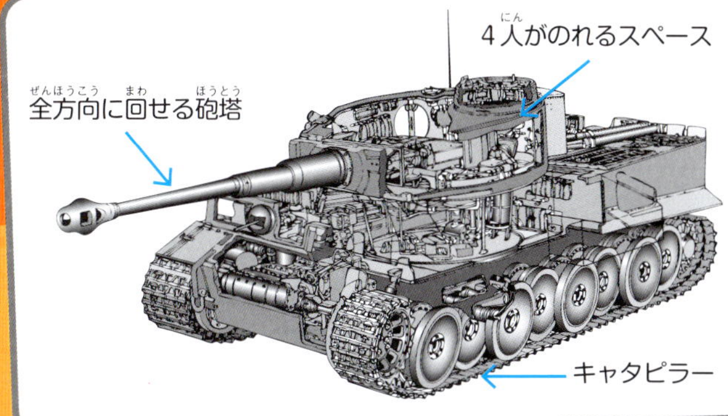

しくみ 戦車

戦車は軍隊で使う全車両のなかでもっともパワフルで、設計もほかの車とはことなっている。戦車のキャタピラーは、4輪駆動車でも走りづらいでこぼこな地面でも走ることができる。キャタピラーは左右別べつに操作でき、曲がるときは片方のキャタピラーの回転数を落として方向をかえる。

シートクッション：地図や書類をしまっておくためのスペースがある

取っ手とフック：物をひっぱるときや、車体をもちあげて船や飛行機に積みこむときに役立つ

ボディ：車体が高い位置にあり、でこぼこな場所でも底が地面につかえない

タイヤ：トレッド部*の深いみぞや大きなブロックで、泥や砂などでおおわれた地面でも前に進むことができる

1945年

フォルクスワーゲン・タイプ1の誕生

ドイツの自動車、フォルクスワーゲン・タイプ1は、第二次世界大戦中に設計され、その形からビートル（カブトムシ）やバグ（虫）などという名前でよばれた。歴史上もっとも成功した小型車といわれ、2003年まで生産された。

すべての人のための車

第二次世界大戦がおわると、自分の車を持ちたいと考える人が増えていきました。しかし、高くて買うことができません。そこで自動車会社では、安くて買いやすい小型車をつくりはじめました。

大衆車の登場

このころ登場したのが、「大衆車」とよばれる新しいタイプの自動車です。大衆車は、郊外に住む人だけでなく、都市で生活している人にも役立つよう設計されました。国民の生活や産業をよりゆたかにしたいと考え、政府が開発にかかわることもよくありました。

シトロエン2CV

シトロエン2CVは、1948年から1990年にかけて350万台以上もつくられました。「2CV」はフランス語を短くしたもので「2馬力」を意味する言葉から生まれたよび名です。ですが、エンジンが2馬力しかなかったわけではありません。

ワイパー：自動車が走るスピードによって動く早さがかわった

ヘッドライト：いつでも道をてらすように、方向が調節ができた

エンジン：前のボンネットの中にあり、前輪に動力を伝えた

できごと

1947年

フェラーリの登場

イタリアのフェラーリ社がつくったレーシングカー、125Sが誕生（右）。1947年に参加したレースの半数近くで優勝した。

1950年

クルーズコントロール

アクセルペダルをふまなくても、自動的にスピードを一定に調整して走ることができるしくみ。アメリカの技術者ラルフ・ティーターがこの年に特許を得た。

ガスタービン*エンジン車

イギリスの自動車メーカー、ローバー社がJET1という実験車を発表。ガスタービンを動力にした最初の自動車で、飛行機のジェットエンジンに似たしくみが使われた。

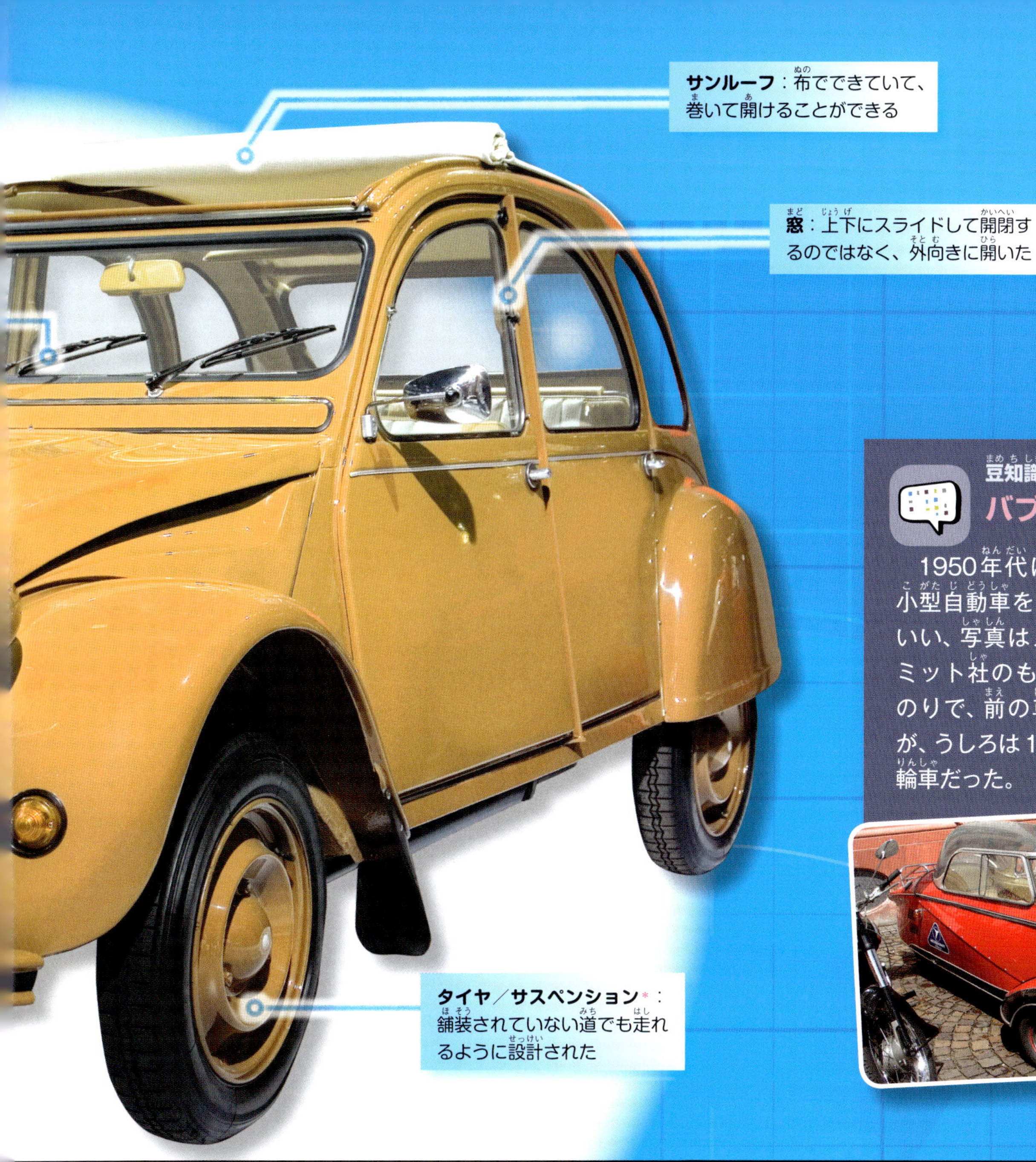

サンルーフ：布でできていて、巻いて開けることができる
窓：上下にスライドして開閉するのではなく、外向きに開いた
タイヤ／サスペンション*：舗装されていない道でも走れるように設計された

豆知識 バブルカー

1950年代に登場した超小型自動車をバブルカーといい、写真はメッサーシュミット社のもの。前後２人のりで、前の車輪は２輪だが、うしろは１輪しかない3輪車だった。

1957年

グラスファイバー*の車体

イギリスの自動車メーカー、ロータスが、世界ではじめて車体を金属板ではなく軽量のグラスファイバーでつくった。この車はロータス・エリートと名づけられた。

1959年

ミニ、イギリスで誕生

イギリス生まれの有名な車であるミニが売りだされた。全長３メートルと小さいが、大人４人でのることができた。販売終了までの40年間で約530万台が生産された。

長旅を快適に

アメリカをはじめとする自動車先進国では、次つぎと高速道路が建設され、長旅でも快適にすごすことができる車がつくられるようになりました。

快適な大型車

1960年代に入ると、車ののり心地はよりよくなり、運転もしやすくなりました。こうした車の進化は、とくに北アメリカでは重要でした。人びとは、広い大陸を楽に移動するために、キャデラック（右）のような大型車をもとめていたからです。

アメリカでは、オートマチック車が当たり前になりました。運転するときにめんどうなギアの切り替えが必要なくなり、アクセルをふんだり、ハンドルを切ったりするだけでよくなったのです。スイッチひとつで開閉できるパワーウィンドウがつき、車内はエアコンによって快適な温度を保つことができました。

エンジン：大型車には、V8エンジンが使われていた。8つのシリンダー*が4つずつ2列で、V字型にならんでいることからこうよばれる

クロームメッキ：車をごうかに見せるため、美しくクロームメッキされた部品が、車のいろいろなところに使われた

できごと

1959年

3点式シートベルトの発明

スウェーデンの自動車会社、ボルボ社が、3点式シートベルトの特許を取った。ボルボ社は特許を公開して、だれもが無料で使えるようにした。このときに発明された3点式シートベルトのしくみが、今もほとんどの車で使われている。

1966年

衝突実験用のダミー人形

世界初の衝突実験用のダミー人形が生まれた。ダミー人形は、衝突したときの様子などを調べるため、人間のかわりに実験車にのせられる。

1970年

大気汚染をふせぐために

大気汚染が大きな問題となっていたアメリカで、マスキー法が定められた。車の排ガスにふくまれる有害物質をへらすことをもとめた法律で、実現できないといわれるほどきびしい内容だった。

ハードトップ：屋根は金属製の固定式だが、幌（馬車などに使われた風雨・ほこりよけ。ソフトトップという）をあげたオープンカーのように見えるデザインが流行した
テールフィン：車体のうしろについたヒレや翼のようなデザインで、戦闘機の形をまねている
ラジオ：ダッシュボードに取りつけられ、移動中に音楽が楽しめるようになった
ホワイトウォールタイヤ：タイヤの側面に白ゴムを使い、ごうかに見せる

豆知識
月面探査車

1971年、1台の車が月に運ばれた。バッテリーの電気で動くモーターを使った４輪駆動車（→P14）で、前輪、後輪の両方で向きをかえるしくみによって、細かく曲がることができた。タイヤは空気入りのゴムではなく、金あみでできていた。

1970年代

パンクしても走れるタイヤ

パンクしても、しばらくは走ることができるランフラットタイヤが登場した。その後2000年代になると、ランフラットタイヤを使った新型車が売りだされるようになった。

1973年

空飛ぶ車

アメリカのヘンリー・スモリンスキーが、フォード・ピントという車に小型飛行機の翼をつけた空飛ぶ車を開発。しかし、テスト飛行中に墜落してしまった。これ以外にもさまざまな人が空飛ぶ車を考えては挑戦していた。

安全に走るために

20世紀の中ごろになると、便利で楽しいのりものである自動車が、さまざまな問題をおこしていることが注目されるようになりました。そこで、新しい法律がつくられ、各自動車メーカーはより安全で環境にやさしい自動車をつくるようになりました。

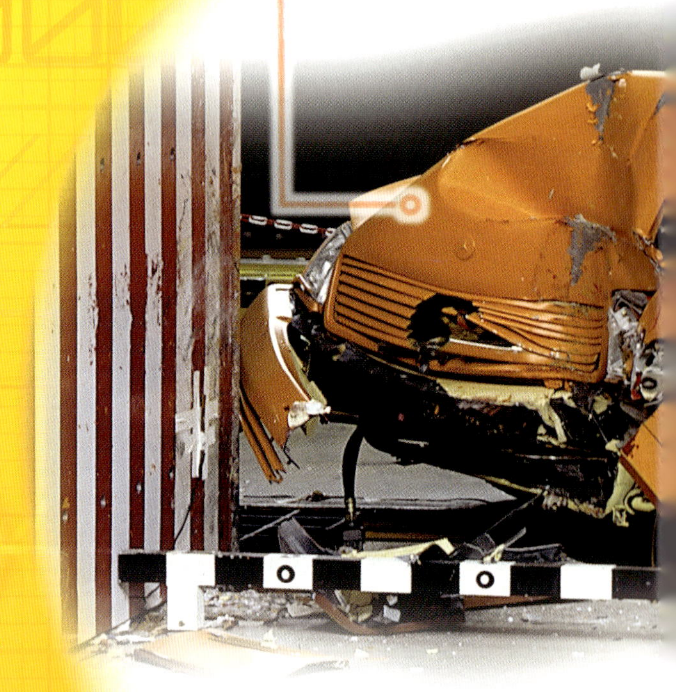

衝突実験：車のこわれ方を確認する。衝突するとボンネットが大きくつぶれて衝撃を吸収し、車の中にいる人のけがが軽くてすむように設計される

空気をよごさない車

エンジンはガソリンをもやして排ガスを出します。排ガスには、水蒸気や二酸化炭素*だけでなく、有毒ガスやすすもふくまれています。1950年ころ、大都市の空はスモッグというよごれた霧でおおわれるようになりました。たくさんの車が出す多量の排ガスで、空気がよごれてしまったのです。これが、大気汚染です。そこで排ガスをきれいにする法律ができ、車にはそのための装置が使われはじめました。

衝突実験

1980年代よりも前に設計された自動車は、今ほど安全ではなく、衝突事故でのっている人が亡くなることもよくありました。その後、衝突実験などを行い、研究が進められ、事故がおきても、のっている人を守れるような車がつくられるようになりました。

できごと

1974年

エアバッグの実用化

アメリカのゼネラルモーターズの車で、エアバッグが使われはじめた。衝突などのときにガスでクッションがふくらみ、乗員を守る。エアバッグのしくみは、この約10年前にも日本人が発明していた。

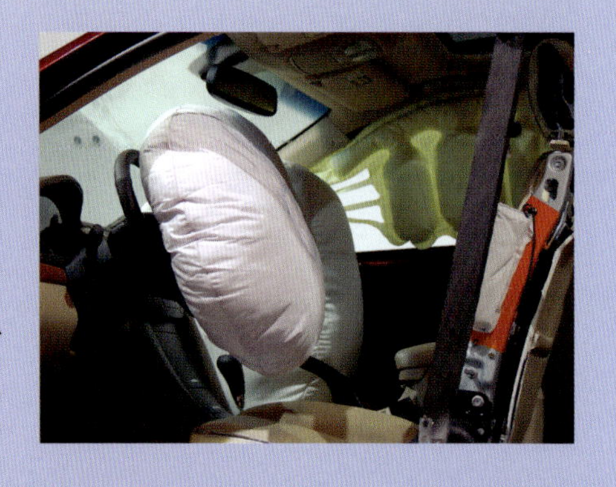

1977年

高性能な触媒コンバーター

触媒コンバーターは、排ガスにふくまれる有害物質を、害のない物質にかえる装置。この年、3種類の有害物質をいっぺんに処理できる高性能なものを、トヨタ自動車が実用化した。

豆知識

道路を取りもどせ！

1990年代、イギリスである反対運動がうまれた。自動車があまりにもふえすぎて、都市に住みにくくなったことに不満をもつ人びとが「リクレイム・ザ・ストリート」という団体をつくった。写真のように、道路の真ん中でピクニックをして反対運動をした。

フロントガラス：2枚のガラスでプラスチックをはさんだようになっている。衝突してもひびが入るだけで、のっている人は外に飛びださない

測定用のバー：衝突によって車体がどのくらい変形したかがわかる

ダミー：人間のかわりにのせ、事故の衝撃や体の動きを調べる

ボディ：前のエンジンルームやうしろのトランクにくらべて、人がのるところは固くじょうぶにしてある

1978年

アンチロック・ブレーキ・システム〈ABS〉

ブレーキを強くかけたとき、車輪だけが止まってしまいタイヤがスリップするのをふせぐ装置。電子制御式のABSが、ドイツのメルセデス・ベンツの車ではじめて使われた。

1979年

安全性をたしかめる

衝突試験などによって、その車が安全かどうかを公的に評価する取り組み（新車アセスメントプログラム）がはじまった。アメリカの政府機関によるもので、評価は公開される。

1980年ころ

スピード違反の自動とりしまり

無人でスピード違反をとりしまる装置が、日本で使われるようになった。車に電波をあてるレーダーなどでスピードを測り、カメラが違反した車の写真を自動的に撮影する。

コンピューターと自動

21世紀になると、自動車は以前よりも安全で環境にやさしく、むだの少ないのりものになりました。コンピューターを使い、いろいろな装置をコントロールし、運転を手助けできるようになったからです。

昔と今のダッシュボード

ダッシュボードという部品は、馬車の時代に登場しました。馬車の運転手の前に取りつけられた板をダッシュボードとよび、馬がけりあげた石が乗客に当たらないようにしていました。現在の車のダッシュボードには、メーターや警告灯、音楽プレイヤーなど、いろいろな装置があります。さらに液晶画面には地図や道順などが表示され、車をコントロールするために重要な役目をはたしています。

身近な乗用車

私たちが乗用車として使っている今の車は、数え方にもよりますが、2万から3万もの部品からできています。車体は、成形した鉄やプラスチックのパネルなどを使い、ボルトでとめたり、溶接したりして組み立てます。

ヘッドレスト：うしろから衝突されたときに、頭や首を保護する
燃料タンク：後部座席の下など車のゆか下に置かれている。燃料の量は、タンクの中にあるセンサーがチェックし、ダッシュボードの燃料計に表示する
サスペンション*：車輪とボディをつなぐ。バネなどを使い、道路のでこぼこによる衝撃をやわらげる

できごと

1984年

ミニバンのはじまり

ミニバンとよばれる多人数向けの乗用車がフランスで開発された。車内は荷物を積む用の車（バン）のように広く、7人までのることができた。アメリカや日本でも同じころに開発されている。

1989年

レーザーレーダー追突警告装置

前を走る車に近づきすぎると、ドライバーに追突の危険があることを知らせる装置がつくられた。レーザーレーダーを使ったものとしては世界初で、日本のトラックメーカーが開発した。

1990年

世界初のGPS*式カーナビ

もとは軍事用だったGPSを使ったカーナビが日本で登場した。GPSを使わずに車の位置を知るカーナビも、1981年に日本で生まれていた。

サンルーフ：屋根の一部が開き、車内に外の光と風を取りいれる

ダッシュボード：車の状態をしめすメーターなどが取りつけられている

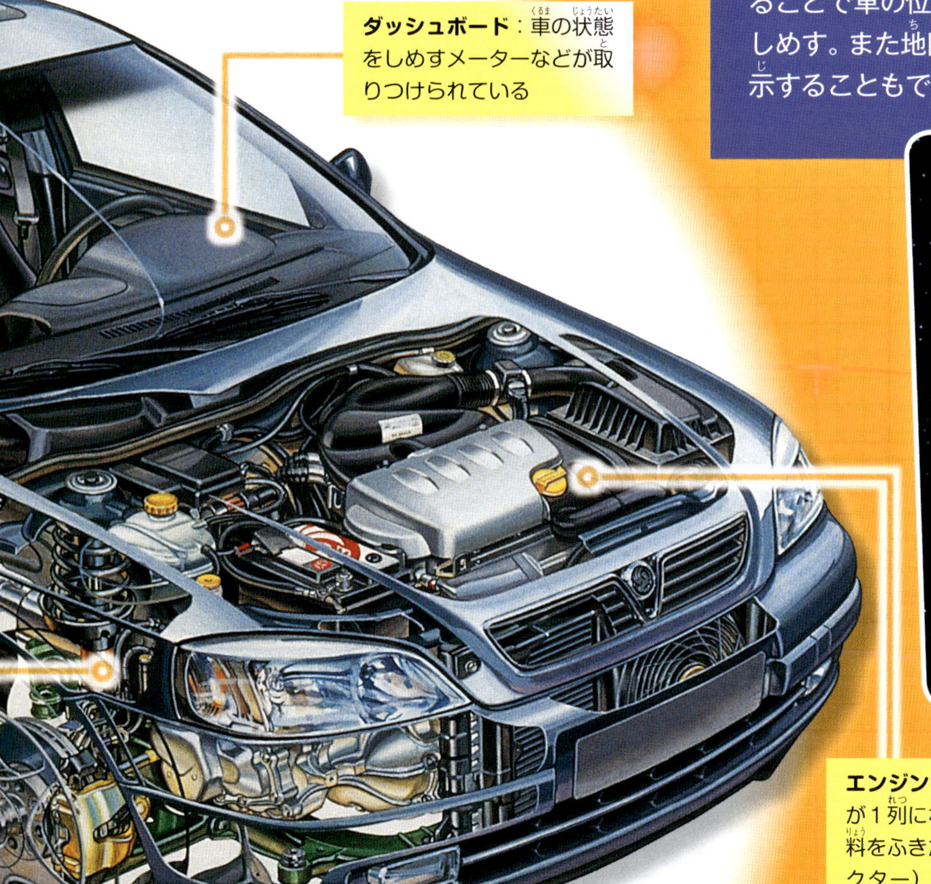

エンジン：通常、4つのシリンダー*が1列にならんでいるものが多い。燃料をふきだす燃料噴射装置（インジェクター）がエンジンの入口やシリンダーに組みこまれている

しくみ

カーナビゲーション

カーナビゲーション（カーナビ）は、地球のまわりを回る32機の人工衛星を利用している。衛星からの電波を受信し、それをもとに衛星までの距離を計算することで車の位置を測定して、カーナビ画面の地図にしめす。また地図上には、目的地までの道順などを表示することもできる。

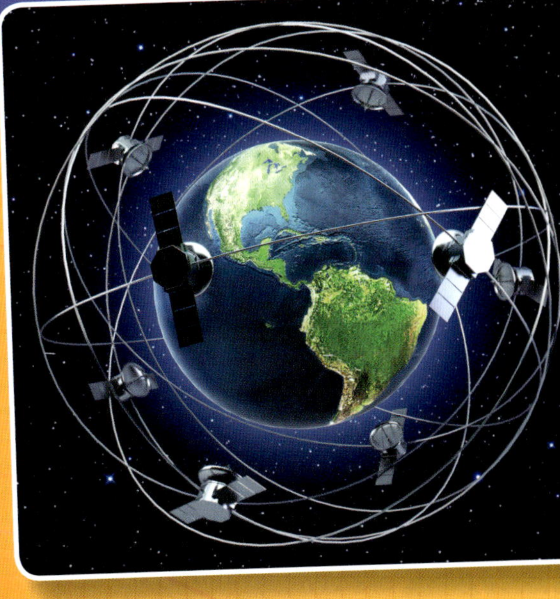

1995年

横すべり防止装置〈ESC〉

メルセデス・ベンツ社の車に世界初の横すべり防止装置が使われた。エンジンやブレーキなどを自動的にコントロールして、カーブなどで車が横すべりをおこさないようにする。

2000年代

運転と携帯電話

携帯電話が広まり、運転中に使うことによる危険性が問題になった。手を使わずにヘッドセット（右）で通話する方法もあったが、国や地域によっては、法律で運転中の操作がいっさい禁止されていることもある。

環境にやさしい自動車

自動車は、二酸化炭素*を発生させるおもな原因のひとつです。空気中の二酸化炭素が増えることで、地球全体の気候が変化すると考えられています。そこで最新の自動車では、二酸化炭素をまったく出さないか、出してもできるだけ少なくなるように開発が進められています。

環境のための工夫

二酸化炭素をへらす方法のひとつは、もやす燃料の量をへらすことです。そのためには、エンジンの燃費をよくする必要があります。そうすることで、より少ない燃料で走ることができ、車から出る二酸化炭素もへらせるのです。

バイオ燃料をガソリンにまぜる方法もあります。バイオ燃料は植物からつくるので、ガソリンよりも環境にやさしいといわれています。

みんなが使える電気自動車

スマートED（右）は、2013年に発売された2人のりの電気自動車です。電気自動車は都市部を走るのに向いています。しかし、ガソリン車のように長くは走れず、バッテリーに電気をためるには時間がかかってしまいます。

電気自動車は排ガスを出さないので、排気パイプがない

できごと

2003年

駐車支援システム

世界ではじめて、駐車を手助けしてくれる装置がトヨタ自動車のハイブリッドカーに使われた。車が正しい駐車位置におさまるように、ハンドル操作を自動的に行う。

2004年

ロボットカーレース

DARPAグランドチャレンジという無人自動車の競技が、アメリカ南西部の砂ばくではじまった。3回目の2007年には、実際の町に似せたコースを走り、交通規則を守るなど、より高い技術が必要になった。

2010年

液化天然ガスを燃料に

液化天然ガスは、天然ガスをとても低い温度にしてつくる液体燃料で、ガソリンや軽油*より空気を汚染しにくい。大気汚染がひどくなってきた中国で広く利用されるようになった。

バッテリーとモーター：自動車のうしろの方にある。ガソリン車でいうエンジンのはたらきをする

2人のり：小型で軽いため、大きな動力は必要ない

エンジン音がしないので、歩行者に車が近づいていることを知らせる警告音を鳴らすしくみがある

充電ソケット：ここからバッテリーを充電する。充電には数時間かかる

しくみ

ハイブリッドカー

ハイブリッドカーは、速く走るときはエンジンで、ゆっくり走るときは電気モーターで走る。車が動いてるときのエネルギーを電気にかえるしくみ（回生システム）があり、ブレーキをふむと発電する。この電気をバッテリーにためて再利用するので、ハイブリッドカーはエンジンだけの車よりも効率よく走ることができる。

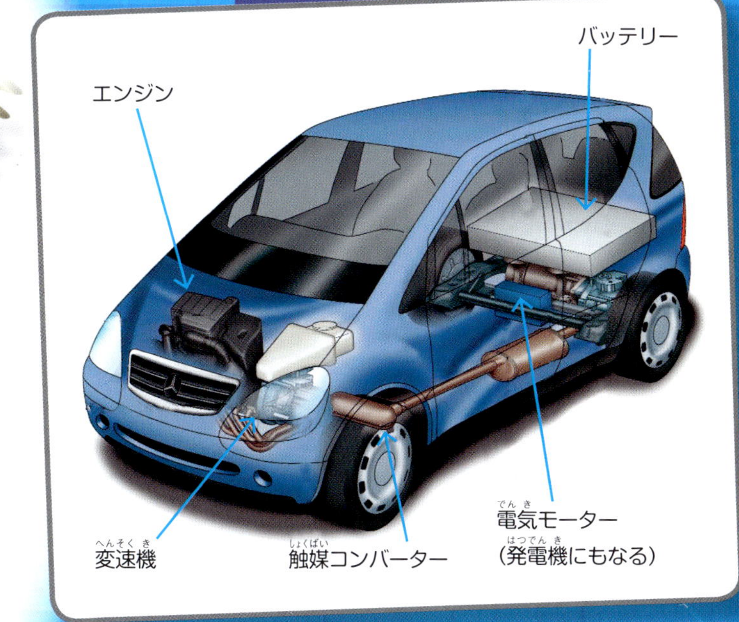

2013年

電気自動車の世界記録

イギリスのドレイソン・レーシングの電気自動車が、時速328.6キロメートルを達成した。これは、国際自動車連盟が定める1000キログラム以下のクラスでの世界最速記録となった。

スピードをもとめて

レーシングカーに、快適さや便利さはもとめられません。速く走り、レースに勝つという目的に向かってつくられるのです。じつは、そうしたレーシングカーのおかげで発展した自動車技術がたくさんあります。

レーシングカーの特ちょう

右の写真は、日本のトヨタ自動車がフォーミュラ1(F1)グランプリで使った車です。F1のレーシングカーは、ふつうの車よりはるかに速くサーキットを走れるように設計されています。そのスピードは、小型飛行機よりも速いときさえあります。

このような高速では、空気抵抗が問題になります。車が前に進むときに、空気が車をおしもどそうとするのです。そのため、F1レーシングカーの車体は、地面にかなり近く低い位置にあり、くさび形をしています。一方で、空気抵抗をうまく使ってタイヤを路面におしつけ、カーブを速く走れるしくみにもなっています。

カメラ：ドライバーが見ている光景を映しだし、観客もその迫力を楽しめる

吸気口：エンジンの中で燃料をもやすのに必要な空気を取りこむ

コクピット：身動きできないほどせまく、ハンドルを取りはずしてドライバーがのりおりしやすいようにする

ノーズ：衝突でこわれたときに、かんたんに交換できるようになっている

ウイング：車の前後にあり、飛行機の翼と反対のはたらきをして、車を路面におしつける

しくみ

風洞実験

レーシングカー以外のふつうの車も、燃費をよくしたり、騒音をへらしたりするために、空気抵抗を小さくする必要がある。そのための実験が、風洞という施設の中で行われる。けむりの流れで、車のまわりを空気がどのように動くのかがわかる。

エンジン：レースを公平にするために、大きさが決められている。ふつうの車よりも、たくさんの燃料や空気をエンジンに送りこめるようになっている

タイヤ：できるだけすべらないように、やわらかいゴムでできている

歴史に残る人びと

アンディ・グリーン

イギリスの戦闘機パイロットだったアンディ・グリーンは、世界最速のドライバーでもある。1997年に、アンディはジェットエンジンを使った車、スラストSSCで、世界ではじめて音速をこえた。さらに、ジェットエンジンとロケットエンジンをのせたブラッドハウンド（左下）で、記録更新をめざしている。

もっと未来へ

進化する自動車

1880年代につくられた最初のベンツ（→P8）にくらべて、車は大きく進化しました。そしてこれから先も、次つぎとかわっていくことでしょう。有害な排ガスはすっかりなくなり、マフラーからは水蒸気しか出さない燃料電池車がすでに走りはじめ、コンピューターに運転を任せきりにできる自動運転車も、もうすぐ実現しそうなところにきています。

新しい使い方

2050年までに、自動車の数は25億台になるといわれています。そうなれば、あちこちで交通渋滞がおきてしまうでしょう。渋滞をおこさないために、車を列車のようにたて1列につなげて、コンピューターで安全に走らせる方法が考えられています。

ほかにも、車の数をへらす方法として、カーシェアリングも考えられます。1台の自動車を数人で共有（シェア）して使う方法で、使いおわったら、次に使う人のために駐車場に返しておきます。

自動運転車

人間が運転せず、コンピューターが運転する車です。レーダーなどを使って、ほかの車や歩行者など、まわりにあるものを見つけます。そしてコンピューターがハンドル、アクセル、ブレーキなどを動かして走ります。ですから、運転手は何もしなくていいのです。

世界でただひとつの車

コンセプトカーは、自動車メーカーなどが新しいアイデアを取りいれ、展示会などのためにつくる特別な車です。たとえば、ＢＭＷが開発したジーナは、車体全体が布でおおわれていて、形をかえることができます。内部のフレームは、車の形に合わせてかえることができます。ボンネットは持ちあげるのではなく、中央にある割れ目を左右に開くことで、エンジンがあらわれるしくみです。

ソーラーカー

太陽発電でつくった電気で走るレーシングカーがつくられています。毎年レースが行われ、研究が進められていますが、ふつうに使えるまでには時間がかかりそうです。しかし、太陽光パネルを電気自動車などにつければ、使える電気を増やすことができます。

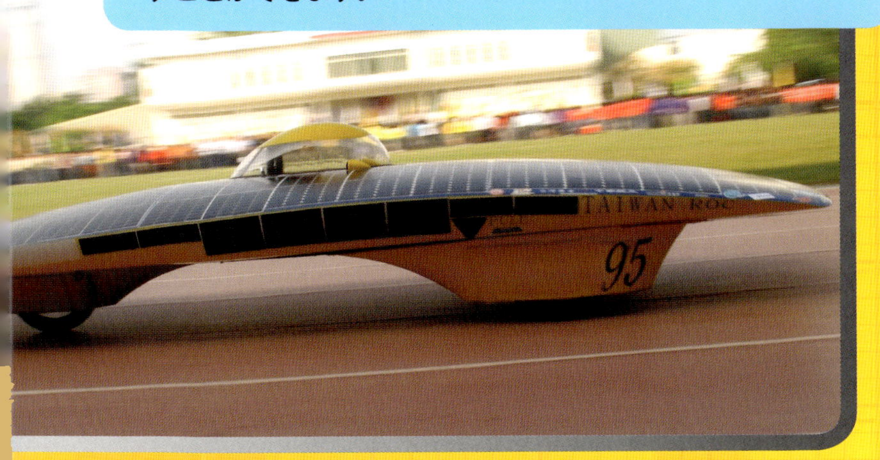

しくみ

燃料電池

燃料電池は、水素と酸素で発電する。排出されるのは、水素と酸素からできた水だけなので、燃料電池で発電して走る車は、大気をよごすことがない。

そのときなにがあった？ 自動車の進化と日本

縄文時代 ／ 弥生時代 ／ 室町時代 ／ 安土桃山 ／ 江戸時代

0年 ／ 1500年 ／ 1600年 ／ 1700年 ／ 1800年

紀元前 ／ 1世紀 ／ 16世紀 ／ 17世紀 ／ 18世紀 ／ 19世紀

自動車の進化

- 二〇〇〇年ころ　古代エジプトでチャリオット（戦車）が使われる
- ヘロンの蒸気機関が発明される
- サスペンションの誕生
- イギリスで駅馬車の運行がはじまる

- 一七六九年　キュニョーの砲車完成
- 一八〇一年　蒸気自動車パフィング・デビル号がイギリスで運転される
- 一八二七年　ディファレンシャル・ギアの登場

日本のおもなできごと

- 縄文土器や石器がつくられる
- 米づくりが大陸から伝わる
- 弥生土器がつくられる
- 一五四三年　鉄砲が伝わる
- 一五四九年　キリスト教が伝わる
- 一五七三年　織田信長が室町幕府をほろぼす
- 一五九〇年　豊臣秀吉が全国統一
- 一六〇三年　徳川家康が江戸に幕府をひらく
- 一六三五年　参勤交代の制度ができあがる
- 一六四一年　鎖国が完成する

- 一七七四年　杉田玄白ら『解体新書』を出版
- 江戸を中心に町人文化がさかんに
- 一八二一年　伊能忠敬の日本地図完成
- 一八五三年　ペリー来航
- 一八五四年　日米和親条約をむすぶ

世界のおもなできごと

- 二二一年　秦の始皇帝が中国を統一
- 一四九二年　コロンブスがアメリカ到達
- 一五一九年　マゼランが世界一周航海に出発
- 一五八一年　オランダがスペインから独立
- 一六〇二年　オランダが東インド会社設立
- 一六四四年　明がほろび、清が中国支配
- 一六八七年　ニュートンが万有引力を発見
- 一七七六年　アメリカ独立宣言
- 一七八九年　フランス革命

世界のできごと

明治時代 大正時代 昭和時代 平成時代

1900年 2000年

20世紀 21世紀

二〇一三年 電気自動車スマートED誕生
● ハイブリッドカーほか、環境にやさしい車が登場

二〇〇〇年代 携帯電話がひろまり、関連する道路交通法ができる
二〇〇三年 駐車支援システムが使われはじめる
一九九〇年 世界初のGPS式カーナビが登場
一九七八年 ABSが搭載されるようになる
一九七四年 エアバッグが実用化される
● 自動車の排気による大気汚染が問題に
一九六〇年代 アメリカを中心に大型車が流行
一九五九年 3点式シートベルトの発明
一九四八年 シトロエン2CV誕生、大衆車ひろまる
一九四七年 フェラーリの登場
一九四五年 ビートル誕生
一九四一年 ジープ誕生
一九二〇年代 スポーツカーがひろまる
一九一七年 油圧式ブレーキの登場
一九〇八年 T型フォード製造開始
一九〇三年 ヘンリー・フォードが自動車会社設立

一八八五年 初のオートバイが発明される／エンジンをのせた最初の三輪式自動車が完成
一八六〇年 ルノアールがガスエンジンを開発

二〇一五年 安全保障関連法が成立
二〇一一年 東日本大震災
二〇〇五年 愛知万博開催
二〇〇四年 イラクに自衛隊を派遣する
二〇〇二年 日韓共同でワールドカップ開催
一九九七年 地球温暖化防止会議、京都で開催
一九九五年 阪神・淡路大震災
一九九四年 子どもの権利条約を承認
一九七八年 日中平和友好条約がむすばれる
一九七二年 沖縄が日本に復帰
一九六四年 オリンピック東京大会
一九五六年 国際連盟に加盟

一九五一年 日米安全保障条約がむすばれる
一九四六年 日本国憲法公布
一九四五年 広島・長崎に原爆が投下される
一九四一年 太平洋戦争（〜四五年）
一九三七年 日中戦争（〜四五年）
一九三一年 満州事変
一九二三年 関東大震災
一九〇四年 日露戦争（〜〇五年）
一八九四年 日清戦争（〜九五年）
一八七一年 廃藩置県
一八六八年 明治維新、江戸は東京に
一八六七年 徳川慶喜が政権を朝廷に返還（大政奉還）

二〇一二年 ロンドンオリンピック開催
二〇一〇年 上海万博開催
二〇〇八年 中国で四川大地震
二〇〇五年 京都議定書発効
二〇〇三年 アメリカ・イギリスがイラク攻撃・占領
二〇〇一年 アメリカで同時多発テロ
一九九三年 EU（欧州連合）発足
一九九一年 ソ連解体
一九八九年 ベルリンの壁なくなる
一九六五年 ベトナム戦争激化
一九五〇年 朝鮮戦争（〜五三年）
一九四七年 インド独立
一九四五年 国際連合発足
● アメリカとソ連の対立深まる
一九三九年 第二次世界大戦（〜四五年）
一九二九年 世界恐慌おこる
一九一四年 第一次世界大戦（〜一八年）
一九一二年 中華民国がおこり、清ほろびる
一八九六年 アテネで近代オリンピック開催
一八七八年 エジソンが電灯を発明
一八七一年 ドイツの統一
一八六一年 アメリカで南北戦争（〜六五年）

用語解説　本文中で＊のついた用語を解説しています。

蒸気機関：蒸気のもつエネルギーを使って、ものを動かすための装置。蒸気エンジン。

ピストン：シリンダーの中にはめられ、上下に動くつつのような形の部品。車のピストンは、燃料がもえるときにできる熱いガスがふくらむ力で動く。

タール：ねばりけのある、黒い油のような液体。道路の舗装や、船の塗装などに使われた。

サスペンション：自動車の車輪とボディをつなぐ部分。道路のでこぼこにあわせて車輪を上下に動くようにし、のり心地よく、しっかり走れるようにする。

シリンダー：エンジンの中にある、つつ型の容器のこと。車のエンジンには４～16個のシリンダーがあり、その中で燃料をもやす。

軽油：ガソリンに似た燃料だが、ガソリンよりも濃く、もえにくいことが特ちょう。ディーゼルエンジンの燃料として使われる。

空気圧：空気がものをおす力のこと。

トレッド部：タイヤが地面に接する部分。地面がぬれてもすべらないように、もようが刻みこまれている。

ガスタービン：おしちぢめた空気で燃料をもやし、ふきだす熱いガスでタービンを回すエンジン。

グラスファイバー：自由に形をかえることのできるガラスのせんい。プラスチックの中に入れることで、プラスチックをじょうぶにすることができる。

ＧＰＳ：グローバルポジショニングシステム。人口衛星の電波を使って、現在位置を知ることができる。カーナビゲーションで使われる。

二酸化炭素：ものがもえるときに発生する、においのない透明なガス。

おわりに

現在のような自動車は、およそ130年前、カール・ベンツによってドイツで発明されました。そのころ日本では、部品を輸入して自動車を組み立てる人があらわれました。明治時代のおわりには、日本製の自動車も誕生しましたが、多くの人に使われるようになったのは、太平洋戦争がおわってしばらくたってからのことです。

その後、日本の自動車工業は大きく発展します。多くの人が自動車に関係する仕事をして、たくさんの自動車がつくられ、世界中に輸出されるようになりました。こうした成功のかげには、多くの技術者の活躍があります。

技術者たちは、世界があっとおどろくような発明から細かい工夫まで、さまざまなテクノロジーを生みだしました。そうしたテクノロジーを使った日本の自動車は、世界中で人気を集め、日本は自動車の生産台数で世界一にまでなったのです。

いまや自動車は、わたしたちの生活になくてはならないものになりました。人が移動する道具として、また荷物を運ぶ道具として、たくさんの自動車が世界中で使われています。もちろん自動車は、環境に害をあたえたり、事故をおこしたりと、いろいろな問題をかかえていることも忘れてはいけません。しかしこうした問題も、テクノロジーの発達によって、きっと解決されるにちがいありません。

監修：市川克彦（いちかわ かつひこ）

1961年生まれ。出版社に勤務後、フリーライターとして独立。クルマのメカニズム、メンテナンス、交通安全、カーライフなどをテーマに幅広く執筆中。クルマ以外ののりものについても手がけている。著書に『カラー図解でわかるクルマのしくみ』（ソフトバンククリエイティブ）、「エコカーのしくみ見学」シリーズ、監修に「のりもののしくみ見学」シリーズ（いずれもほるぷ出版）などがある。

世界がおどろいた！　のりものテクノロジー　自動車の進化

2016年1月25日　第1刷発行
文／トム・ジャクソン　日本語版監修／市川克彦
発行者／高橋信幸
発行所／株式会社ほるぷ出版　〒101-0061 東京都千代田区三崎町 3-8-5
電話 03-3556-3991　ファックス 03-3556-3992
印刷／共同印刷株式会社　製本／株式会社ハッコー製本　翻訳協力／株式会社バベル
日本語版装丁　AD／石倉昌樹　デザイン／隈部瑠依・近藤奈々子（イシクラ事務所）
NDC680　245×203㎜　32p　ISBN978-4-593-58731-5